Stätte handwerklichen Schaffens in der Vergangenheit

Die Museumsmühle in St. Julian

am Glan, Landkreis Kusel

Ölmühle mit Kollergang und Stempelpresse
und Mahlmühle mit Schäl- oder Gerbgang für Spelz

Geschichte, Einrichtung und Arbeitsvorgänge

von
Friedrich W. Weber
Mit einem Beitrag von Wolfgang Strakosch

40 Fotos, Zeichnungen und Karten
Fotos, wenn nicht anders angegeben, vom Verfasser

Herausgegeben von der Kreisverwaltung Kusel
mit Unterstützung der Ortsgemeinde St. Julian

ZUM GELEIT Der Mensch strebt nach dem Neuen in der Zukunft, schätzt vielleicht die Gegenwart und lehnt fast immer das Vergangene als veraltet ab. Dabei vergißt er, daß das Wertvolle, was die Vergangenheit geschaffen hat, doch bleibt und bleiben muß; denn auf ihr baut das neue Wertvolle auf, und die Zeit, die das mißachtet und vergißt, untergräbt sich das Fundament. Nur im Vergangenen wurzelnd, wird neues Streben befruchtet.

Hans Jensen, Schach dem Abt. Herder, Freiburg.

Anschrift des Verfassers:
Friedrich W. Weber, Steinertstraße 5, 6719 Eisenberg.

Druck: Verlag Franz Arbogast, 6756 Otterbach.
1985, ISBN 3 87022 0899

Vorwort

Nachdem die Reparaturarbeiten, ausgeführt von den Mühlenbauern Wuttke, Wartenberg, und Vankorp, Laufersweiler, an der ehemals Armbrust'schen Mühle in St. Julian am Glan beendet sind, kann diese als Landschaftsmuseum zur Besichtigung freigegeben werden. Da kaum noch jemand Einrichtung und Funktion einer solch alten Mühle kennt, wurde im Auftrag der Kreisverwaltung Kusel diese Informationsschrift erstellt. Sie soll den Besuchern, vor allem auch der Jugend, das Verständnis dieses noch auf handwerklicher Grundlage wirkenden vorindustriellen Betriebes erleichtern.

Einleitung

Das Müllerhandwerk ist überall in Deutschland so gut wie ausgestorben. Das betrifft die Mahlmüller, erst recht die Ölmüller und die Betreiber der vielen Mühlen besonderer Art. In der Pfalz sind von den ehemals ca. 800 nur noch einige wenige Getreidemühlen übriggeblieben, deren technische Einrichtung und deren Arbeitsweise jedoch mit denen früherer Zeiten nicht mehr viel zu tun haben. Die handwerklichen Ölmühlen sind seit 30 Jahren ganz verschwunden. Um die 100 hatten wir davon im 19. Jahrhundert in der Pfalz. 1954 wurde als letzte die des Wilhelm Weber in Gumbsweiler geschlossen.
Aus den wenigen Zahlen erkennt man, welche Bedeutung die Mühle und der Müller einst hatten; in Zeiten, in denen Wasserkraft und Wind die einzigen technisch verwertbaren Energiequellen waren; in denen noch jeder, der Getreide, Raps oder Mohn anbaute bzw. erwarb, in der Mühle mahlen oder Öl schlagen ließ.
Mehl und Speiseöl werden heute fabrikmäßig hergestellt. An das im Bach oder Mühlteich plätschernde Wasserrad, das in Lied und Sage des Volkes in der Vergangenheit eine große Rolle spielte, kann sich nur noch die ältere Generation erinnern.
Ein Teil der Mühlengebäude steht noch in der Landschaft, oft abseits größerer Wohnsiedlungen, anderen Erwerbszweigen zugeführt oder dem Verfall preisgegeben. Die Einrichtungsgegenstände, soweit aus Metall, fielen dem Schrotthändler anheim.
In wenigen Jahrzehnten sind außer den Mahl- und Ölmühlen die vom Wasserrad getriebenen Säge- und Papiermühlen, die Hanfreiben, die Stampf-, Hammer- und Pochwerke vom technischen Fortschritt verdrängt worden und trotz des verhältnismäßig geringen Zeitabstandes gänzlich in Vergessenheit geraten. Unsere für das Museumswesen Verantwortlichen haben es versäumt, wenigstens einige Anschauungsbeispiele in der Landschaft zu erhalten. In anderen Teilen Deutschlands, in Österreich, in den Niederlanden, selbst in den USA (Pennsylvanien) war man einsichtsvoller und aufmerksamer. Durch amtliche Maßnahmen und durch Bemühungen eigens gebildeter

privater Organisationen (Vereine) wurden in diesen Ländern viele historische Mühlen erhalten.
In einem einzigen Falle ist es – auf private Anregung hin – in der Pfalz gelungen, einen alten Handwerksbetrieb in eine gesicherte Zukunft hinüberzuretten. Das Amt für Baudenkmalspflege in Speyer, die Kreisverwaltung Kusel und die Gemeinde St. Julian haben in erfreulicher Zusammenarbeit die ehemals Armbrust'sche Mühle in St. Julian vor dem Abriß bewahrt. Das Anwesen wurde unter Denkmalsschutz gestellt. Die wertvollen Schutzobjekte im Gebäude sind: eine Stempelpresse aus Holz und ein Kollergang in der Ölmühle, ein Mahlgang und ein Schälgang für Spelz in der Getreidemühle. Der Schäl- oder Gerbgang mit Rütteleinrichtung und Windhaus ist nach Aussage von Experten ein einmalig seltenes Stück in ganz Deutschland.
So hat die Museumsmühle in St. Julian über das Lokale hinaus Beispielhaftes aus dem Bereich Handwerkskunst und Handwerkstechnik der vorindustriellen Zeit zu zeigen. Sie weist auch auf Wirtschaftsformen und soziale Bezüge der dörflichen Gemeinschaft der Vergangenheit hin.

Standort

Sie gehört als Einzelsiedlung mit der ehemaligen Mahlmühle Müller zur Gemeinde St. Julian, Verbandsgemeinde Lauterecken, Landkreis Kusel.
Während sich das Dorf links des Glans ausbreitet, steht die Mühle – über eine Brücke erreichbar – auf der rechten Seite des Flüßchens. Der Mittellauf des Glans schied früher auf weite Strecken bayrisch-pfälzisches und preußisches Gebiet. Vor 1800 gehörte St. Julian zur Rheingrafschaft Grumbach, die Mühle aber stand auf herzoglich-zweibrückischem Gebiet. Das hatte für die Besitzer bzw. Pächter – wie im geschichtlichen Teil nachgewiesen – öfters mißliche Folgen.
Was die heutigen Verkehrsverbindungen angeht, siehe die Straßenkarte auf der zweiten Umschlagseite!
St. Julian ist ein Haltepunkt der Bahnstrecke Homburg/Saar – Altenglan – Lauterecken – Bad Münster.
Wirtschaftlich gesehen, hatte unser Betrieb immer zu kämpfen, da das Glantal infolge günstiger Wasserkraftverhältnisse mit Mahl- und Ölmühlen übersetzt war. Im Umkreis von etwa fünf Kilometern werkelten im 19. Jahrhundert außer in St. Julian selbst im benachbarten Gumbsweiler mit Schrammenmühle, in Obereisenbach, Niedereisenbach und Hachenbach acht private, vier genossenschaftliche Getreidemühlen und zwei Ölmühlen. Zusätzlich zu den Orten im Glantal selbst gehörten Dörfer und Höfe seitlich desselben, im bergischen Land ohne größere Wasserläufe, zum Einzugsgebiet unserer Mühle.

Geschichte

Die Vergangenheit der Museumsmühle erhellt sich nur aus der St. Julianer Mühlengeschichte als Ganzem. Schon in alten Lehensbriefen der Rheingrafen von Grumbach – Landesherren von St. Julian, Obereisenbach und Eschenau – aus dem Mittelalter ist von einer Mühle und einer Mühlstatt die Rede, die in die erbliche Verleihung, z. B. an die Herren v. Steinkallenfels (Burg bei Kirn), eingeschlossen waren. Doch die Gewißheit wächst, daß es sich dabei nicht um Vorläufer der beiden im folgenden näher beschriebenen Mühlen, auch nicht um deren Standort gehandelt haben kann. Wie noch aus Karten des 19. Jahrhunderts (s. Kartenausschnitt) zu erkennen, hatte der Glan früher einen anderen Lauf als heute. *Altglanreste* in der Talniederung nahe beim Dorf weisen das aus. Ein Teil des Hanges gegenüber dem jetzigen Bahnhof hieß einst *Mühlrech.* Auch dieser Flurname weist auf die früheren Gewässerverhältnisse hin.

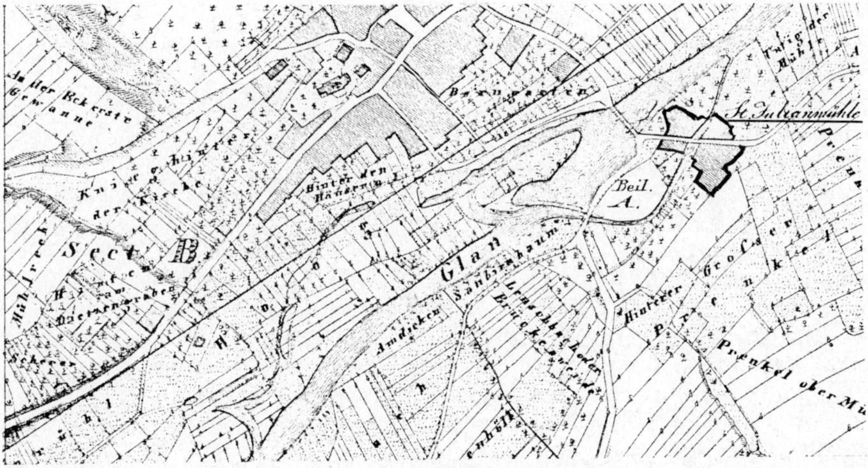

Rechts des Glans die Mühle, links das Dorf St. Julian. In Ortsnähe Altglanreste, ein Hinweis darauf, daß der Fluß früher einen ganz anderen Lauf hatte als heute. Der Flurname „Mühlrech" an der Mitte des linken Randes deutet auf den früheren Standort der Dorfmühle(n) hin.

Aus Landesarchiv Speyer, Best. W 41 Nr. 762.

Die Mühle über der Brücke rechts des Glans wurde 1596 gebaut. Es ist kein Zufall, daß Pfalzgraf Johannes von Zweibrücken die Genehmigung dazu gab; denn der Bauplatz gehörte zum Gebiet seines Herzogtums. Die Grenzziehung in diesem Bereich war festgelegt im uralten Weistum (überlieferte Rechtsdokumentation) der historischen Verwaltungseinheit „Eßweiler Tal" mit zehn Dörfern. Darin stand klar zu lesen, daß der Glanfluß zwischen der Mündung des Lenschbaches bei Gumbsweiler bis hinunter nach Hachenbach (jetzt Glanbrücken) die Hoheitsgrenze des Herzogtums Zweibrücken bildete.

Erbbestandsbrief von 1596

Der Erbpachtbrief von 1596 ist in Abschrift im Landesarchiv Speyer noch erhalten (Best. B 2 Nr. 152/4). Darin heißt es u.a. sinngemäß: Dem hochgelehrten Rat und lieben Getreuen *Balthasar Hofmann* wird auf Ansuchen gnädiglich bewilligt, eine *Mahlmühle* mit 2 Gängen auf seinem Eigengut am Glanstrom beim Dorf St. Julian, in unserem Amt Lichtenberg gelegen, zu bauen. Für alle Kosten hat der Antragsteller aufzukommen. Den Nachbarmühlen, die Bannmühlen sind, soll er keinen Abtrag tun durch Abspannen der Mahlgäste. Ihm selbst wird kein Bann (Mahlzwang der Untertanen) zugesprochen. Als jährliche Abgaben sind zu entrichten 2 Malter Korn und 3 Malter Hafer dörrer, sauberer Frucht, Kaufmanns Gut, Kuseler Maßung (Hohlmaße, wie sie im Amtsstädtchen Kusel üblich waren).
Hofmann oder seine Erben sollen befugt sein, auch eine „Oli Muhl", also eine *Ölmühle* zu errichten. Interessant die Begründung: „. . . weil es derenorts ziemlich viel *Baumnüß* wachsen hat." Walnüsse scheinen also im 16. Jahrhundert die einzigen Ölfrüchte im Westrich gewesen zu sein. Von Raps, Mohn, Bucheln u.a. ist keine Rede. Übrigens: Die Ölmühle kam damals noch nicht zustande. Bis zur Verwirklichung des Vorschlags mußten noch über 100 Jahre ins Land gehen.

Verkauf 1604 und 1607

Die Mühle wurde 1604 von allen Abgaben befreit. Hofmann verkaufte nun an *Albrecht v. Güntherodt*, pfalzgräflich-zweibrückischer Amtmann zu Lichtenberg, und Hans *Born* aus *Ratsweiler*.
Es sieht fast so aus, als ob diese im Auftrag der St. Julianer Landesherren gehandelt hätten; denn schon 1607 verkauften sie um 1540 Gulden ihren Neuerwerb an *Melchior v. Steinkallenfels* und die „tugendreiche" Elisabeth v. St., geborene von Ehrentraut. Der alte Mühlenpacht trat wieder in Kraft. An diesen „angehenkt" war die Abgabe für ein „Lohmühlgen" des „Sennes Lauer" (Gerber, der Sennesloh verwendet) zu St. Julian (LA. Speyer, Best. C 41 Nr. 35/1). Nun war die Ortsherrschaft im Besitze der Mühle und vergab diese ihrerseits in Erbpacht.

Dreißigjähriger Krieg

1634 - 1656: Wegen „des leidigen Kriegswesens" ist die Mühle in Abgang geraten, d. h. sie wurde verlassen. Aktennotiz für 1646: Der Bau steht noch einigermaßen, ist nicht bewohnt und wird nicht gebraucht. Das Wehr ist „hinweggefahren". Die Mühle hat 1 Gang und keine gebannten Mähler, gibt als Wasserzins 2 Malter Korn und 4 Malter Hafer (LA. Speyer, Best. C 41 Nr. 31/1). 1656 ließ der Junker v. Steinkallenfels das Gebäude von einem namentlich nicht genannten Müller renovieren. 1664 beschwerte sich Melchior von Steinkallenfels, weil er für die Jahre des Betriebsausfalls Wasserzins zahlen sollte. Bis 1664 ließen die Steinkallenfelser die Mühle von Lohnmüllern auf eigene Rechnung betreiben. Dann erfolgte wieder die Vergabe in Erbbestand (Erbpacht), und zwar nacheinander an Johannes *Hewelen* (Hebel) von Mühlbach,

Conrad *Frey* (Tochtermann), 1691 an Peter *Knapp* aus Offenbach, Schultheiß Nickel *Grill* aus St. Julian und Sebastian *Schuch* aus Ulmet.
Knapp gab 1702 ein wegen des Baues einer *Ölmühle.* Er bekam die Konzession mit der Maßgabe, im ersten und zweiten Jahr ein mittelschweres Mühlschwein, dann jährlich zwei Gulden als Wasserzins an die Herrschaft abzuführen. Zur Vergabe der Wasserkraft hatten die Steinkallenfelser eigentlich kein Recht.

Kaufvertrag von 1728

Wann genau der Neubau ausgeführt wurde, ist nicht mehr festzustellen. Nach unseren Unterlagen erstmals urkundlich erwähnt wurde er als „neuerbaute Ohligmühl" in einem Kaufvertrag vom 7. Januar 1728. Unter diesem Datum verkaufte Sebastian *Schuch,* Müller aus Ulmet, seine von Johann Heinrich *Knecht* erworbene und vom Haus Steinkallenfels in Erbbestand habende Mahl- und Ohligmühle zu St. Julian an Johann Ludwig *Waltz* in Lauterecken. Die Ölmühle blieb im Wirtschaftsverbund mit der Mahlmühle. Letztere hatte zu ihren zwei Mahlgängen einen Schälgang für Spelz bekommen. Der *Mühlenbann* für St. Julian und Obereisenbach war ihr zugesprochen worden. Der Erbbestandsbrief für Waltz wurde am 20. August 1728 ausgestellt.

Abtrennung der Ölmühle

1743 war Waltz gestorben. Zweibrücken interessierte sich jetzt für die Verhältnisse in St. Julian. Es schickte einen Beamten aus, der recherchieren sollte. Aus seinem schriftlichen Bericht geht hervor, daß die Mühle in gutem Zu-

Aufnahme um 1950. Rechts und Mitte Wohnhaus und Mühle der Familie Müller; links Armbrust'sche Mühle (jetzt Museumsmühle) mit Westwand des beim Straßenbau abgerissenen Nebengebäudes. *Foto von Oskar Müller erhalten.*

stand sei. Das Anwesen, das vorher sehr elend gewesen, bestehe jetzt aus fünf Gebäuden, nämlich der Mahlmühle nebst einem Anbau, der Scheuer nebst einer *Wohnung für den Ohligmüller*, aus Speicher, Keller, Stallungen. Letztere seien neu und mit Ziegeln gedeckt (d. h. nicht, wie sonst üblich, mit Stroh). 1745 erschien ein neuer Erbpächter, nämlich Johann Nickel *Müller*. Er kam aus Annweiler. Sein Erbe war Johann Heinrich Müller, der mit Maria Margaretha *Werner* verheiratet war. Zu seinen Lebzeiten wurde die Ölmühle von der Mahlmühle getrennt und als selbständiger Betrieb weitergeführt. In dem für ihn ausgestellten Erbbestandsbrief vom 30. Januar 1767 besteht die Verbindung noch. Danach muß eine Erbteilung vonstatten gegangen sein; denn in einem Bericht des Schultheißen Gilcher, Horschbach, von 1778 ist von „dem Müller seiner Schwester aus der Ohligmühl" die Rede.

Huldigung verweigert

Im folgenden ein Hinweis auf ein Ereignis, das verdeutlicht, wie in der Feudalzeit Menschen – hier unser St. Julianer Müller – zum Objekt politischen und materiellen Schachers der Adeligen wurden: Der Streit um die obersten Herrenrechte über die Mühle und die Ländereien rechts des Glans entbrannte, als in den 70er Jahren des 18. Jahrhunderts feststand, daß das Adelsgeschlecht der Steinkallenfelser im Aussterben begriffen sei. Der letzte Vertreter des männlichen Stammes war geisteskrank. Die vormundschaftliche Regierung führte Friedrich Jakob Freiherr Geyling von Altheim. Jahrelang hofften die erbschaftslüsternen Verwandten auf das Ableben des kranken Onkels. Öfters gab es in dieser Hinsicht blinden Alarm. So auch im Jahre 1774. Gegen Ende des Monats März kamen an einem Sonntag hohe Beamte (Räte) des Grafen von Grumbach mit einer Menge Grumbacher Bauern nach St. Julian und verjagten die Verwaltungsbeamten (Bedienten) der Grafen von Salm, die sich auch zu den Erben in spe zählten. Die salmischen Beamten, auch ein Notar war dabei, wurden in Offenbach ins Gefängnis gesteckt. Die Grumbacher ergriffen Besitz von St. Julian und Obereisenbach und ließen sich in dem letztgenannten Dorfe auch huldigen.

Durch diese Vorgänge wurden das Oberamt Lichtenberg und die Regierung in Zweibrücken alarmiert. Der kranke Philipp Henrich von Steinkallenfels war zwar nicht gestorben. Vorsorglich ließ aber der Herzog dem St. Julianer Müller durch den Schultheiß des Eßweiler Tales bedeuten, daß in dem zu erwartenden Todesfalle bei schwerer Strafe niemand einer fremden Herrschaft huldigen, noch geschehen lassen dürfe, daß jemand von der Mühle Besitz ergreife. Diesen Bescheid erhielt der Müller auch schriftlich. – Schließlich war es doch so weit, daß der Erbonkel 1778 starb. Das Lehen St. Julian fiel an die Grafen v. Grumbach zurück. Diese verlangten, wie vorauszusehen, auch von unserem Müller die übliche Huldigung. Dieser aber weigerte sich, in Ansehung der 200 Gulden Strafe, die ihm von der pfalz-zweibrückischen Regierung angedroht waren, vor dem Vertreter des Grumbacher Grafen, einem Hofrat, im St. Julianer Pfarrhaus zu erscheinen. Und nun kam es zu einigen Tätlichkeiten, über die uns der Schultheiß, P. Gilcher aus Horschach, unterm Datum vom 11. April 1778 in einem – w.o. schon erwähnten – Bericht Nachricht gibt.

Gegenwärtiger Zustand. Der Wiesenstreifen in der Mitte deutet den ehemaligen Lauf des Mühlteiches an. Zwischen der Museumsmühle links und einem Teil des Mühlenanwesens Müller das sogenannte Gerinne, in dem noch im 19. Jahrhundert vier Wasserräder in Funktion waren, eines davon für die Öl- und Mahlmühle Armbrust, drei für die Mahlmühle Müller.

Er hatte sich mit seinem Gerichtsschöffen Jakob *Schug* von Horschbach nach St. Julian begeben und den dortigen Müller im Auftrage des Oberamtes Lichtenberg verhört. Der Müller sagte aus, daß er „gefänglich" eingeholt worden sei, und zwar in aller Herrgottsfrühe beim Morgenglockenzeichen. Es hätte sich vor und in seinem Hause zu diesem Zwecke eingefunden der Bediente des Hofrats, ein Jäger des jungen Grafen, und an die zwanzig Bauern aus Hinzweiler. Die Schwester des Müllers aus der Ohligmühle bestätigte, man habe ihren Bruder aus dem Bett geholt, ihm Gewalt angedroht, wenn er nicht sofort mitgehe. Wie der Vater das Haus verlassen habe, hätten die Müllerin und die Kinder laut geschrien.

Als man den Müller über die Brücke gegen das Dorf zu führte, wurde dieser aufgefordert, allein ins Pfarrhaus zu gehen, um den Anschein der Gewalttätigkeit bei der Bevölkerung zu vermeiden. Dies aber tat der Gefangene nicht. So gingen seine Bewacher teils vor, teils hinter ihm und brachten ihn ins Pfarrhaus. Der Hofrat verlangte die Huldigung. Der Müller aber entschuldigte sich und zeigte den Befehl seines Herzogs bzw. des Oberamtes vor. Nun trieb man die Sache grumbacherischerseits doch nicht auf die Spitze; denn der Herzog von Zweibrücken verkörperte immerhin neben dem Kurfürsten von der Pfalz die stärkste Macht im heute pfälzischen Raum. Es schien besser, wenn man diesem Nachbarn gegenüber vorsichtig war. Das wußte auch der Herr Hofrat. Deshalb ließ er den Müller ungeschoren laufen.

Staatsaktion wegen des Wasserzinses

Im Frühjahr 1770 sollte die Mühle vom Herzog von Zweibrücken in Verbot gelegt werden, bis die Rechtsverhältnisse geklärt wären. Dagegen protestierte die freiherrliche Vormundschaft und wies die Forderungen der Zweibrücker in sechs Punkten mit den entsprechenden Begründungen zurück. Nun wurde ein Rechtsgutachten der *Universität Tübingen* eingeholt. Mittlerweile waren fünf Jahre vergangen. Am 21. April 1775 legte der von Steinkallenfelser Seite beauftragte Anwalt *Erden* im Namen seiner Mandanten gegen das ihm zugestellte Urteil der Universität Berufung ein.
Wieder vergingen drei Jahre. Am 4. April 1778 sandte man – wie die K.K. Postamts Zweibrücken fahrende Expedition bescheinigt – die Akten in Sachen „Ölmühle St. Julian" an die *Juristenfakultät* der Georg-Gustavus-Universität in *Göttingen.* Dort erging folgendes Urteil: Die Revision der Steinkallenfelser Partei wird verworfen. Es bleibt dabei: Die Ölmühle und der Schälgang wur-

Alte pfälzische Getreidemaße. Sie waren Hohlmaße. Inhalt gebietsweise verschieden. Es gab: Malter, Faß, Halbfaß, Virnsel, Simmer, Sester, Maß und Mäßchen. Das Gewicht war je nach Füllung ganz verschieden. Es wog ein Faß Roggen (Korn) entsprechend mehr als ein Faß Hafer.
Zeichnung: Hermann Kuntz

den ohne Erlaubnis des Grundherrn angelegt. Die Genehmigung ist nachträglich einzuholen, der Pachtzins bzw. die Abgaben für die Wasserkraft sind für 40 Jahre nachzuentrichten.
Das am 21. November veröffentlichte Urteil konnte nicht ohne Schwierigkeiten vollstreckt werden, da am 8. April des Jahres der obengenannte letzte Sproß des Hauses Steinkallenfels gestorben war. Die Lehensverhältnisse mußten neu geregelt werden. Universalerbe der Steinkallenfelser wurde ein *Baron von Hunoltstein.* An ihn gingen neben den Eigengütern auch die Lehen über. Nun war der Hunoltsteiner Landjägermeister des Herzogs von Zweibrücken. Die neuen Prozeßgegner in Sachen „Ölmühle St. Julian" standen jetzt in einem Vorgesetzten- bzw. Abhängigkeitsverhältnis zueinander. Das änderte die Situation sehr bald. 1782 kam ein Vergleich zustande. Demnach waren in der Folgezeit für den Schälgang 3 Faß Korn und 4½ Faß Hafer „alter Lichtenberger Maßung" zu entrichten und für die Ölmühle 18 Kreuzer Wasserzins jährlich zu zahlen. Nachzuliefern waren für den Schälgang 25 Malter 3

Faß Korn und 38 Malter $1^1/_2$ Faß Hafer. Das war eine Menge Getreide, für dessen Transport man heute einen Fünftonner-Lastwagen benötigte. Der rückständige Ölmühlenzins war in 51 Jahren auf 15 Gulden 18 Kreuzer angewachsen.

Aus dem Urkataster

Im Jahre 1846 wohnten in der Siedlung St. Julianer-Mühle drei Familien. Da war zunächst einmal die des *Müller* Jakob I., Müller und Ackersmann. Dieser hatte zwei Wohnhäuser, das zweite 1834 neu erbaut; ein Backhaus, Scheuer und mehrere Ställe. Er betrieb auf der rechten Seite des Mühlteiches eine *Mahlmühle* mit zwei Mahlgängen und einem Schälgang für Spelz. Das Wohnhaus mit Mahlmühle und einen Teil der Grundfläche der übrigen Gebäude hatte er 1795 aus dem Nachlaß der Eltern Heinrich *Müller* und Margarethe, geb. *Werner,* geerbt. Er bewirtschaftete neben seinem Handwerk noch 28 Morgen Feld (Plan-Nr. seines Anwesens 445, Besitz-Nr. 124).
In einem 1820 neu gebauten Haus wohnte Nikolaus *Eckel* mit seiner Familie. Er besaß die *Ölmühle,* nun auch verbunden mit einer *Mahlmühle.* Die Bemerkung im Kataster „Mühle erbaut 1840" soll wohl heißen, daß diese in diesem Jahr renoviert, vielleicht in den Baulichkeiten erweitert wurde. Ein Stein des Kollerganges in der Ölmühle trägt die Jahreszahl 1842.
Mit dem Wohnhaus wurden 1820 Scheuer und Stall fertiggestellt. 1823 kamen Backhaus und Schweineställe dazu. Die Bauplätze hatte Nikolaus von den Eltern Abraham Eckel und Dorothea, geb. Werner, im Jahre 1807 schenkungsweise erhalten (Plan-Nr. des Anwesens 442, Bes.Nr. 123, Haus-Nr. $70^1/_2$.)
Die Tochter des Nikolaus Eckel mit Namen Sophia heiratete Daniel *Armbrust,* Ackersmann und Müller. Das junge Paar besaß 1846 ebenfalls ein eigenes Wohnhaus mit Ökonomiegebäuden, von den Eltern Johann Nikolaus Eckel und Sophia, geb. Bayer, schenkungsweise erhalten. 1859 erbte das Ehepaar Armbrust auch das neue Wohnhaus (überm Weg) und die Ölmühle mit dem Mahl- und Schälgang, unsere Museumsmühle.

Die Wasserbauten

Die sogenannten Wasserbauten der Mühle, also das Wehr am Glan, der Mühlteich (Vor- und Hinterteich), die Gerinne mit den Wasserrädern, sind verschwunden. Ein Wiesenstreifen zeigt heute noch den ehemaligen Verlauf des Mühlteichs an (s. Abb.). Über die früheren Wasserkraftverhältnisse sind wir auf Grund von schriftlichen Unterlagen ziemlich gut informiert. Schon im „Mühlenprotokoll" des herzoglich zweibrückischen Oberamts Lichtenberg/Kusel vom Jahre 1745 (Landesarchiv Speyer, Best. B 2 Nr. A 294/7) sind einschlägige Angaben gemacht. Es heißt da wörtlich: „Es hat besagter Herr v. Steinkallenfels nicht allein eine Mahlmühle allhier von 2 Mahl- und einem Scheelgang, sondern auch gleich gegenüber eine gute Ohlig- Mühle, welche

Das Glanwehr bei St. Julian im Jahre 1952. Es hatte die Aufgabe, das Wasser zu stauen und zur Mühle Armbrust/Müller abzuleiten. Der Grundablaß, der früher mit einem Schußbrett (Schützen) versehen war, ist noch zu erkennen. Schon zu dieser Zeit stark beschädigt, heute ganz verschwunden.

durch ein apartes Wasserrad getrieben wird." Die Formulierung ist so gelungen, daß auch noch ein weiterer Satz zitiert werden soll: „Diese beyden Mühlen liegen einen guten Büchsenschuß unterhalb ihrem Wehr an einem Teich oder Wasser-Graben, so in eben der Weitung unterhalb der Mühle mit dem Glan sich wieder conjungirt" (vereinigt). Die Gefällhöhe betrug damals drei Schuh, also ca. einen Meter.

Aus den Wassertriebwerksakten des Landratsamtes Kusel erfahren wir Näheres für die Zeit des 19. Jahrhunderts. Da war 1837 ein Malheur passiert. Bei einem Hochwasser war der Glan gleich oberhalb des Wehres am linken Ufer ausgebrochen und hatte sich ein neues Bett gegraben (s. Abb.). Ein Großteil des Triebwassers der Mühle war verlorengegangen. Ein geschädigter Grundbesitzer (Jakob Sahm II. aus St. Julian) beschwerte sich bei Amt und gab an, daß die beiden Müller, nämlich Jakob *Müller* und Nickel *Eckel* an dem „Bruch" schuld seien. Sie hätten 1835 bei der Reparatur des Wehres dieses in unerlaubter Weise erhöht.

Bei einem Verhör in der Amtsstube des Bürgermeisters *Schneider* in Eschenau am 6. Juni 1839 setzten sich die beiden Müller energisch zur Wehr. Sie machten den Pächter der Fasselwiese Friedrich *Simon* für das Unglück verantwort-

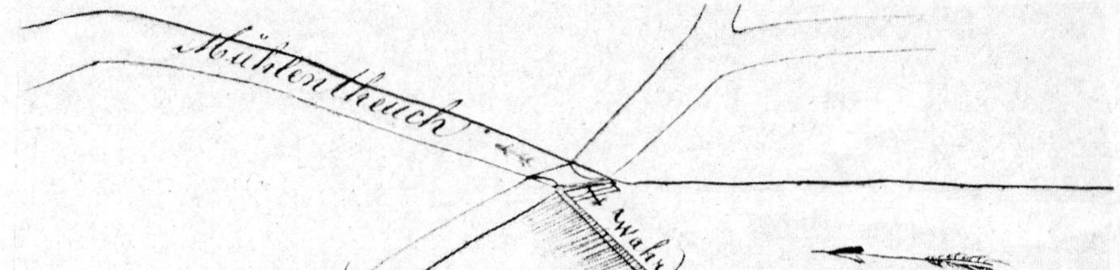

Zu Wasserbauten: Ufereinbruch des Glans oberhalb des Wehres bei Hochwasser im Jahre 1837. Über die Ursachen und Folgen gab es einen Streit zwischen den Müllern Daniel Armbrust und Jakob Müller einserseits und Jakob Sahm als geschädigtem Grundbesitzer andererseits.

Archiv des Landratsamtes Kusel, Wassertriebwerksakten Nr. 2678.

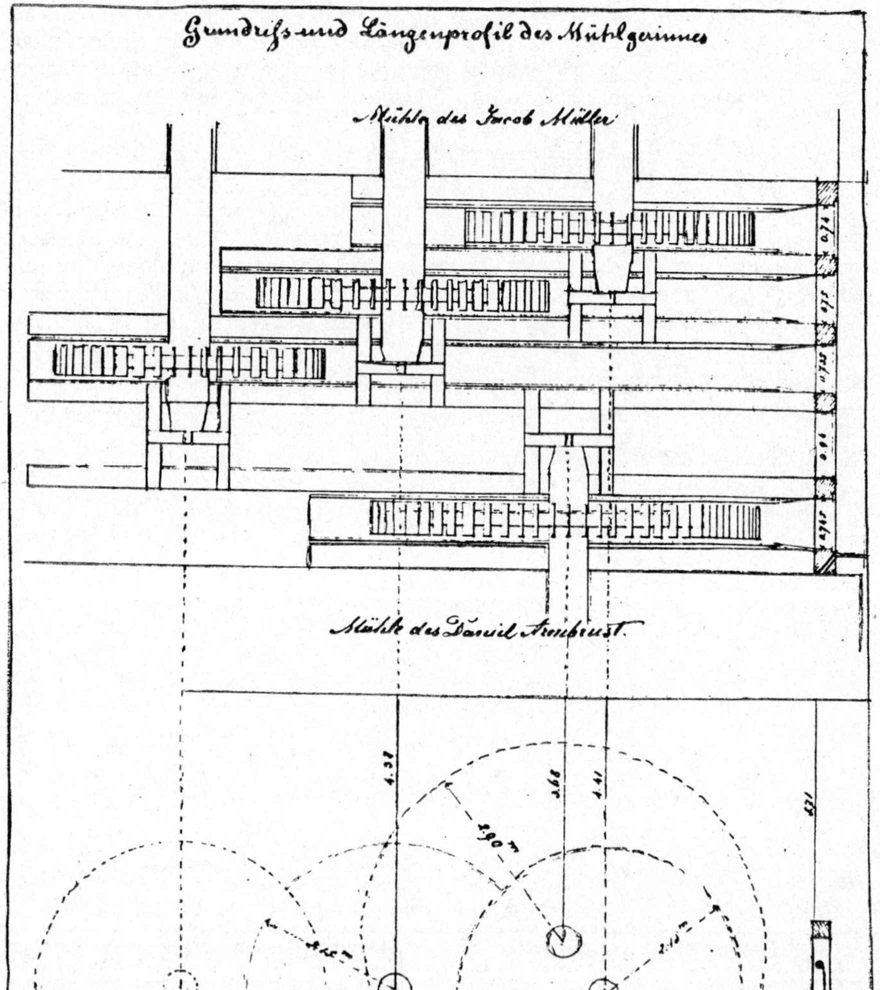

Aus dem Situations- und Nivellementsplan der Mühlen Müller und Armbrust, angefertigt 1860 anläßlich der Aichpfahlsetzung. Maße für Räder und Gerinne aus der Zeichnung ersichtlich. *Archiv des Landratsamtes Kusel, Wassertriebwerksakten Nr. 2678.*

lich. Er habe die Weidenbäume am Glanufer ausgegraben. Auch hätten die Dorfbewohner die Uferstelle zu einem allgemeinen Waschplatz gebraucht, dort Steine eingelegt und nach Belieben wieder ausgerissen. Auch diese Beschädigungen des Bachstadens hätten dem Wasser Angriffsmöglichkeiten geboten. Die Müller waren schlecht zu belangen, weil zu dieser Zeit noch kein Aichpfahl (Wasserstands-Merkpfahl) vorhanden war. Dieser Mangel wurde 1860 behoben.

Was man sich unter einem *Aichpfahl* vorzustellen hat, ist in den erwähnten Wassertriebwerksakten genau beschrieben. Dieser bestand aus einem eiche-

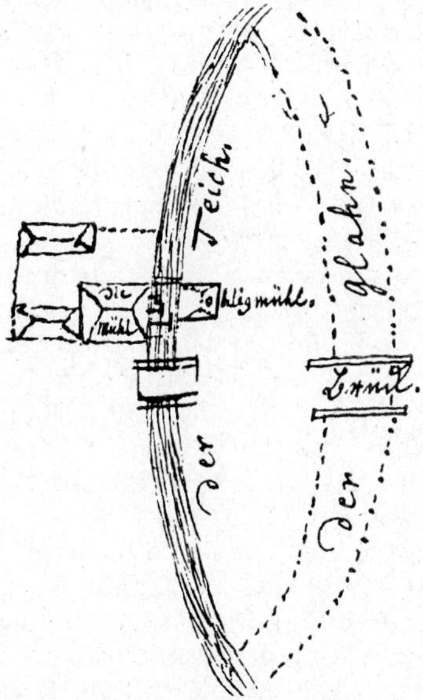

Skizze aus dem Mühlenprotokoll des Oberamtes Lichtenberg von 1745. Die drei Wasserräder der Mahlmühle des Johann Nickel Müller, der auch die Ohligmühle betrieb, sind zu erkennen. Jeder Gang hatte ein eigenes Wasserrad. Dazu kam noch das Wasserrad der Ölmühle, das auf der Skizze nicht eingezeichnet ist.
Landesarchiv Speyer, Bestand B 2 Nr. A 294/7.

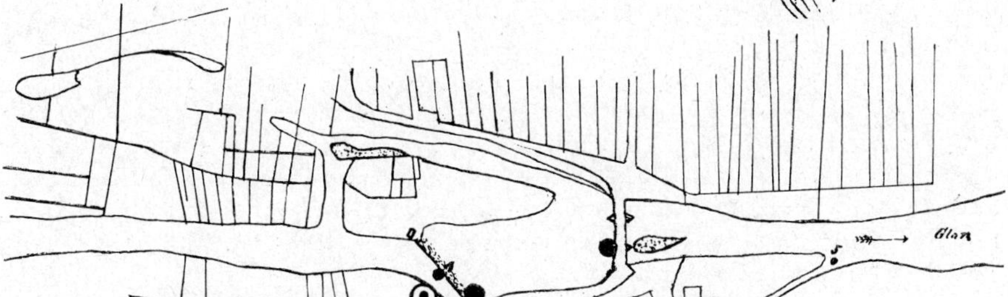

Glan, Wehr, Mühlteich im Jahre 1860. Gegenüber der Wehrmitte, am Glanufer der Aichpfahl, amtlich gesetzt. Er gab die Stauhöhe an, um Wasserschäden im benachbarten Gelände zu vermeiden. *Archiv des Landratsamtes Kusel, Wassertriebwerksakten Nr. 2678.*

nen Stämmchen von 1,44 Meter Länge und 0,24 Meter Durchmesser, ruhend auf einem hölzernen Kreuz von 0,54 Meter Länge der Arme. Das Kreuz saß auf einer runden Steinplatte von 0,13 Meter Dicke und 1,20 Meter Durchmesser. Auf dem Aichpfahl lag eine Messingplatte von 0,24 Meter im Geviert und 0,008 Meter Dicke, die durch eine eiserne Stange mit Knopf von 0,02 Meter Dicke, durch die ganze Länge des Stabes gehend, unten am Kreuz durch eine Schraubenmutter festgehalten wurde. Der Pfahl wurde in die Erde eingelassen und auf festem Kies fundiert. Die Messingpatte lag auf der Höhe der Wehrkrone, hatte einige Fixpunkte in der Umgebung und gab fortan die zulässige Stauhöhe für Glan und Mühlteich an. Standort des Merkpfahls war am Glanufer, der Mitte des Wehres gegenüber (s. Abb.).
Das Wehr selbst hatte einen *Grundablaß* von 1,55 Meter Weite und einer Schützenhöhe von 0,74 Meter.
Auch der Wassereinlaß zum Mühlteich am unteren Ende des Wehres, vor einer kleinen Brücke, war durch drei Schützen regulierbar. Sie sollten bei Hochwasser den nötigen Schutz bieten. Die Schoßbretter hatten eine Breite von je 1,40 Meter. Schützenhöhe: 0,88 - 0,82 - 0,92 Meter.
Das gepfalsterte *Wehr* hatte eine Länge von 42 Meter und eine Breite von 5,90 Meter (s. Abb.). Der *Teich* bis zur Mühle war 112 Meter lang und 4,10 Meter breit. Zwischen den beiden Mühlen wurde er baulich in fünf Einzelläufe, sogenannte *Gerinne,* aufgeteilt. Drei Gerinne gehörten dem Mahlmüller Jakob Müller für seine drei Wasserräder, eines dem Daniel Armbrust für seine Ölmühle, das fünfte war ein „Leerschoß" oder Freifluter, der in Tätigkeit trat, wenn die Mühlräder stillstanden. Die Anordnung der Mühlräder und die Abmessung der Gerinne s. Abb..
Die Wasserkraft stand in ihrer Nutzung zu Zweidritteln dem Mahlmüller Jakob Müller und zu einem Drittel dem Daniel Armbrust zu, der ja schon neben seiner Ölmühle einen Mahl- und einen Schälgang in Betrieb hatte. Ersterer durfte mit voller Kraft, also mit drei Wasserrädern bzw. Gängen nur mahlen, wenn genügend Wasser anlief; andernfalls mußte er das dritte Mühlrad außer Betrieb setzen.
Das unterschlächtige* Wasserrad der Ölmühle existierte beim Erwerb des Anwesens durch die Gemeinde in den sechziger Jahren nicht mehr, der Mühlteich wurde zugeschüttet. Um ein Anschauungsbeispiel von einem Mühlrad überhaupt zu bieten, wurde ein neues, oberschlächtiges Rad mit einem noch vorhandenen Wellbaum erstellt. Oberschlächtig deshalb, weil man mit Hilfe einer künstlichen Wasserführung von oben das Rad und wenigstens einen Teil der Mühle wieder betriebsfähig machen wollte.

---

* ANMERKUNG:
Das Wort „-schlächtig" kommt von „schlagen". Beim unterschlächtigen Rad „schlägt" das Wasser in die seitlich offenen, leicht gebogenen Schaufeln. Beim oberschlächtigen werden zwischen breiten Radkränzen gewissermaßen Kammern gebildet, die mit dem in einem Kandel über das Rad geleiteten Wasser vollaufen. Die Schwerkraft erzeugt hier den Bewegungseffekt.
Oberschlächtige Wasserräder wurden montiert, wenn wenig Triebwasser vorhanden war. Am Glan dagegen waren nur unterschlächtige Räder in Betrieb.

Das Getriebe des Kollergangs, alles aus Holz gefertigt. Hier kann man die meisterhafte Arbeit des Mühlenbauers erkennen.

Die Handwerkskunst des Mühlenbauers

Der Besucher, der die Mühle betritt, denkt wohl zunächst gar nicht an Ölschlagen und Getreidemahlen, er ist beeindruckt vom Werk des Mühlenbauers. Das ganze Getriebe, das Wasserrad, die waagrechten und senkrechten Wellbäume (Achsen), die Kamm- und Stockräder, dann die Ummantelungen und Aufsätze der Mahlgänge, die Stempel und der Preßklotz der Ölmühle, Treppen, Böden, Mehlkasten – alles aus Holz in wohlgefälligen Abmessungen und Formen sachgerecht gezimmert.
Bewundernswert auch die einfache, sinnreiche Mechanik aus der Frühzeit unserer technischen Entwicklung, die ohne Riemenscheiben, Transmissionen, Kugellager, eiserne Kegelräder u.ä. auskommt. Und alles in wohltuender Harmonie aus- und eingerichtet. Mühlenbauer, auch Mühlärzte genannt, gab es früher in der Pfalz in großer Zahl. Auch in St. Julian war ein solcher ansässig.

Die Ölmühle

Einrichtung

Ihre wichtigsten Bestandteile sind die *Stempelpresse* (s. Abb.) und der *Kollergang* (s. Abb.). Angetrieben wurden beide – wie schon erwähnt – von einem unterschlächtigen Wasserrad. Die wuchtige Holzachse (Wellbaum) von 0,45 m Durchmesser – jetzt mit dem neuen oberschlächtigen Wasserrad verbunden – reicht durch einen Mauerdurchbruch ins Innere der Mühle. Hier treibt der Wellbaum ein großes hölzernes *Kammrad* mit einem Durchmesser von 3,14 m. Die Kämme sitzen außen auf bzw. in dem Radkranz und sind radial, d.h. zum Mittelpunkt hin gerichtet. Über diesem Kammrad bewegt sich ein hölzernes *Stockrad* von 2,40 m Durchmesser. Es heißt so, weil hier die Kämme durch ca. 5 cm dicke Holzstäbe ersetzt sind. Der rotierende Wellbaum, auf dem dieses Stockrad sitzt, ist 6,40 m lang und hat einen Durchmesser von 0,40 m. Dieser Wellbaum hat zwei Aufgaben: Einmal hebt er mit Hilfe von hölzernen Doppelrollen von ca. 0,40 m Länge und ca. 8 cm Durchmesser, mit zwei Holzpflöcken an der Achse befestigt, 2 mal zwei *Holzstempel* von je 5 m Länge und einem quadratischen Querschnitt von 0,14 m Seitenlänge. Zum anderen treibt ein am Ende der Welle angebrachtes Stockrad – dem erstgenannten in den Ausmaßen etwa gleich – das waagrecht laufende Stirnrad des Kollergangs, das einen Durchmesser von 2,40 m hat und auch noch *Königsrad* genannt wird. Es dreht den senkrecht laufenden *Königsstock,* eine schön geformte Holzwelle von einem mittleren Durchmesser von 0,42 m (s. Abb.).
Der Königsstock dreht mit Hilfe einer armdicken, eisernen Querachse den *Kollergang.* Dessen Hauptbestandteile sind zwei aufrecht laufende Mahlsteine, wie wir sie noch von den jetzt auch schon außer Dienst gestellten Obst-

Der Bauer fährt zu seiner Ölmühle. *Zeichnung: Hermann Kuntz*

Antrieb des Kollergangs: Stockrad, waagrechtes Kammrad (Königsrad) und senkrechte Achse (Königsstock) – alles aus Holz.

mühlen der West- und Nordpfalz kennen. Sie haben einen Durchmesser von 1,84 m und eine Dicke von 0,34 bzw. 0,31 m und laufen auf einem Bodenstein, der gegen die Mitte zu eine leicht muldenförmige Vertiefung hat. *Mühlsteine* wurden im Steinbruch in *Gumbsweiler* und am Vockenrech bei *Erdesbach* gegraben und bearbeitet.
Im Raum zwischen den Laufsteinen war auf der einen Seite eine „Beischärr", auf der anderen Seite ein „Auswerfer" angebracht, die an Seilrollen bewegbar waren. Erstere war ein hölzerner, spitzkegelförmiger Laufschuh, der das von den schweren Steinen seitwärts gedrängte Mahlgut wieder „beischarren" sollte. Der „Auswerfer", ebenfalls beweglich aufgehängt, trat in Funktion, wenn das fertige Mahlgut unter den Steinen herausbefördert werden sollte. Sein Hauptbestandteil war eine handhohe, leicht gebogene Metallschiene.
Um den Bodenstein ist ein ca. 0,30 m breiter Holzkragen angebracht, der durch eine ca. 0,15 m hohe, aufrecht stehende Zarge abgeschlossen wird. Im Vorderteil hat der Holzkragen ein durch eine Holzplatte abdeckbares, viereckiges Loch, unter das der sogenannte *Schlagkasten* geschoben wird, der das gequetschte Mahlgut aufnehmen soll.
Übrigens: An den Kollergang erinnern die Worte des *Volksliedes:* „Die Steine selbst, so schwer sie sind, sie tanzen mit den muntern Reih'n und wollen gar noch schneller sein..."
Der wichtigste Teil der Ölmühleneinrichtung ist die *Presse,* in unserem Falle

Blick in die Ölmühle mit Stempelpresse. Im Hintergrund das Kammrad, das durch eine hölzerne Achse (Wellbaum) mit dem Wasserrad verbunden ist. Es treibt ein Stockrad, bei dem die Kämme durch hölzerne Stäbe ersetzt sind. Der Wellbaum oben hebt mit Hilfe der Doppelgleitrollen den Preß- und den Losschlagstempel. Unten der Preßkörper mit je einem Preßsatz in Metallkästen.

Der Kollergang in der Ölmühle, angetrieben von Stockrad und Kammrad (Königsrad) und der senkrechten Holzachse, genannt Königsstock. Er diente zum Mahlen des Preßgutes (Ölsamen bzw. -früchte).

eine noch wohlerhaltene Stempelpresse, wie sie früher zu Dutzenden in den Mühlen der Pfalz installiert waren, von denen aber außer unserem Museumsstück keine einzige mehr erhalten ist.
Gewissermaßen das Fundament der Presse ist der Preßkörper, bestehend aus einem mächtigen, vierkantig behauenen Baumstamm von 3 m Länge und einer Breite und Höhe von 0,65 bzw. 0,70 m. In den Stamm sind von oben zwei kastenförmige Vertiefungen eingehauen. Maße: Länge 0,82 m, Breite 0,30 m, Höhe 0,40 m. Diese Kästen sind an den Innenflächen 6 cm dick mit Eisen verkleidet, da die Wände einen hohen Druck auszuhalten haben. Die kastenförmigen Vertiefungen im Preßklotz dienen zur Aufnahme des *Preßgeschirrs*, bestehend aus Preßkeil, Losschlagkeil, Füllselkeil, Stahlplatten (Jageisen) und Preßmappen (Hären). Der Losschlagkeil kann durch ein kleines Seilhebewerk angehoben werden.
Ein Balkengestell, das auf die Presse aufgesetzt, bzw. in dieselbe eingezapft ist, führt zwei *Stempelpaare* (s. Abb.). Diese werden von dem schon erwähnten Wellbaum bewegt, d.h. wenn sie durch ein besonderes Strickhebewerk frei-

Ein Preßsatz der Stempelpresse, eingefügt in den Preßklotz, der aus einem einzigen dicken Eichenstamm zugehauen war. Teile der Presse: die gußeiserne Wanne mit einer Wandstärke von ca. 4 cm; darin (von rechts nach links) eine Preßmappe, ein Füllselkeil, der Preßkeil, ein Füllselkeil, der Losschlagkeil, ein Füllselkeil, eine Preßmappe. In der hier abgebildeten Stellung waren die Stempel während des Betriebs zu keiner Zeit. Arbeitete der Preßstempel rechts, war der Losschlagstempel „aufgehängt", d. h. mit einem Strickhebelsystem hochgezogen. Ein Knoten im Strick, der unter eine Holzlasche geschoben wurde, hielt den Stempel fest.

Auf diesem Bild ist hinter der Presse der Abschnittskasten zu sehen, der zum Abziehen der Preßsäckchen und zum Zuschneiden der Ölkuchen diente. Innenaufnahme der Ölmühle Gros/ Weber, Schrammenmühle. Foto: Emil Weber

gegeben sind. Sie werden dann ca. 1 m in die Höhe gehoben. Dabei treten die ebenfalls schon erwähnten Gleitrollen in Tätigkeit, die unter entsprechende „Nasen" an den Stempeln greifen.

Was in der Museumsmühle noch fehlt und evtl. besorgt werden muß, sind der *Abschnittkasten* (s. Abb.) und das *Wärmewerk*. Ersterer wurde benötigt beim Füllen der Preßsäckchen und Abziehen und Zuschneiden der Ölkuchen, letzteres – in der einfachsten Form ein „Ritschöfchen" – wurde benutzt beim Anwärmen des Preßgutes für den zweiten Arbeitsgang, dem sogenannten Ausschlag (s.d.)

Zum Aufbewahren von Ölsaaten und Ölfrüchten, von Getreide und Mehl waren *Lagerräume* vonnöten, die in einem dorfwärts errichteten Gebäudeteil untergebracht waren, der beim Straßenbau 1968 abgerissen wurde.

Arbeitsvorgänge

Ölsaaten und Ölfrüchte, die in unserer Mühle verarbeitet wurden, waren vor allem Raps und Rüben, ab und zu einmal Leinsamen und Bucheln, ganz selten Mohn und Walnüsse. Der Ölbedarf aus einheimischen Gewächsen war vor

Ölsaaten in der Reihenfolge der Abbildung:
Mohn, in der Pfalz teilweise auch Magsamen genannt, Samen vom grauen oder Schüttmohn (Papaver somniferum) ergab ein sehr gutes Speiseöl.
Leinsaat vom blaublühenden Lein oder Flachs erbrachte ein Öl, das in der angesprochenen Gegend nicht zu Speisezwecken sondern als Firnis im Malergewerbe verwendet wurde.
Raps, im Westrich meist Kohl genannt, war das wichtigste Ausgangsprodukt zur Gewinnung von Speise- und Brennöl.
Einheimische Ölfrucht: *Bucheckern, in der Pfalz auch Bucheln genannt, sind die Früchte der Gemeinen Rotbuche. Im Kaltschlag geben sie ein hervorragendes Speiseöl. Leider nur etwa alle sieben Jahre ein Mastjahr.*

der Öffnung unserer Märkte für einschlägige ausländische Produkte ganz enorm. Rapsöl, in der Westpfalz „Ohlig" genannt, wurde nicht nur zu Speisezwecken benötigt, sondern auch zum Brennen in allerhand Leuchten und Lampen, zum Schmieren von Maschinen, ja sogar als Heilmittel für Mensch und Tier verwendet. Bis ins erste Drittel unseres Jahrhunderts gab es im Einzugsgebiet der Mühle kaum einen Bauern, der nicht für den Eigenbedarf mit den kleinen schwarzen Körnern, in der Glangegend „Kohl" genannt, einen Acker einsäte. Im Herbst oder Winter wurde dann das Ergebnis der Ernte zum „Ohligmüller" – in St. Julian hieß es zuletzt zum „Ohlig-Daniel" – gefahren. Das Öl wurde in großen, grauen Steingutkrügen, aufgestellt in heugefütterten Laubkörben, nach Hause gebracht.
In der Ölmühle wurde der Raps als „Partie" zu ca. 300 Pfund zunächst abgewogen und dann nach und nach unter die Steine des Kollergangs geschüttet. Zur Beförderung des Mahlvorgangs wurde etwas Wasser dazugegeben. Nach

einer gewissen Zeit glänzten die Steine. Das Öl wurde sozusagen sichtbar. Nun wurde der erwähnte Auswerfer heruntergelassen, der das Mahlgut bis zur Holzumrandung (Zarge) beförderte. Der gequetschte Raps sollte aber nach vorne in das nun geöffnete Auswurfloch und in den Schlagkasten gebracht werden. Längst hatten die Ölmüller für diesen „Transport" eine einfache Technik entwickelt. Sie hielten mit der Hand ein Buchenholzbrettchen von ca. 0,25 m Länge und ca. 0,20 m Breite bzw. Höhe aufrecht vor das Ende des Auswerfers in Richtung Zarge bis zur Berührung mit derselben. Der Ölmüller marschierte nun die Runde, die der Stein vorschrieb, mit und schob das Mahlgut bis zum Auswurfloch.
Der gefüllte Schlagkasten wurde zur Presse geschoben. Der Samenbrei wurde dann in sogenannte Kuchensäckchen aus kräftigem „Preßtuch" (dicke Fäden,

Teilansicht der Stempelpresse mit Preßstempel und Preßkeil (rechts) und Losschlagstempel und Losschlagkeil. Links die zwei hölzernen Teile einer Preßmappe, dazwischen ein Stoffsäckchen (hier leer), in das die unter dem Kollergang gemahlenen Ölfrüchte eingefüllt wurden. Diese Mappe war für den Kalt- oder Vorschlag gedacht. Für den zweiten Preßvorgang, den Warm- oder Ausschlag, benützte man Mappen ganz aus dickem Leder, die innen mit gepreßtem und geripptem Haarfilz besetzt waren. Der Ölmüller der Westpfalz nannte diese Mappen „Hären", wohl wegen des Roßhaars im Filz.

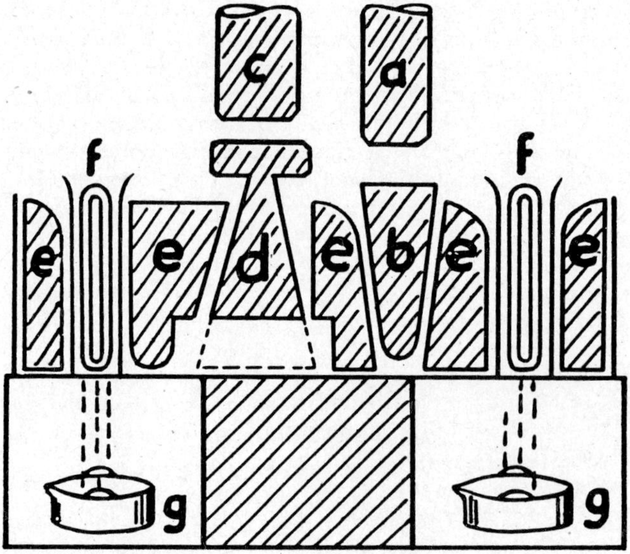

System der Stempelpresse, wie sie bis ins erste Viertel des 20. Jahrhunderts überall in der Pfalz Verwendung fand.
a) Preßstempel, b) Preßkeil, c) Losschlagstempel, d) Losschlagkeil, e) Füllselkeil, f) Preßmappen (Hären), g) Ölkannen in der Ölgrube.

locker gewebt), die von dem oberen Rand bis zur Mitte einen Schlitz hatten, gefüllt. Ausmaße unten ca. 0,14 m, oben ca. 0,20 m, Höhe/Länge ca. 0,35 m. Beim „Vorschlag" (erste Pressung, Kaltschlag) wurden die Säckchen von Hand im Schlagkasten prall gefüllt, so daß sie aussahen wie dicke Würste, und in die *Preßmappen* (s. Abb.) gelegt, die auf der oberen ebenen Fläche der Presse vor den Stempeln ausgebreitet lagen. In ihrer primitiven Ausführung bestand eine solche Preßmappe aus zwei Holzbrettern, die innen mit einem daumendicken, gerillten, festen Haarfilz überzogen waren (daher der Name *Hären*). Zusammengehalten wurden die Bretter unten durch eine stabile Lederlasche, oben war beidseits der Bretter ein Griff aus stabilem Leder angebracht. In diese Mappen wurden die gefüllten Säckchen eingepackt und das Ganze hochkantig in den Preßraum zwischen zwei Stahlplatten (die Jageisen) eingestellt. Der nach unten breiter werdende Losschlagkeil war hochgezogen. Der Ölmüller setzte den Preßkeil zwischen die Füllselkeile, löste das Halteseil des Preßstempels, das über eine kleine Holzrolle lief, die oben an einem Balken des Rahmens befestigt war. Mit Hilfe dieses Seiles konnte der Ölmüller auch den Stempel „aufhängen", d.h. so hoch heben, daß dieser den Rollen des oberen Wellbaums nicht mehr erreichbar war. Etwa 1 m von dem unteren Ende entfernt war das Seil geknotet. Man konnte es oberhalb des Knotens in eine Holzgabel am unteren Rahmen des Preßgestells einlegen. Löste der Ölmüller zur Einleitung des Preßvorganges das Seil aus der Halterung, so sauste der Stempel nach unten auf den Preßkeil. Die Gleitrollen des Wellbaums griffen nun in regelmäßigen Abständen unter die Nasen des Stempels, hoben diesen in die Höhe und ließen ihn nach dem Abgleiten wieder fallen. Der Keil wurde in den Preßsatz eingetrieben (s. Abb.). Von dem klopfenden Geräusch der Stempel kommt der Ausdruck „Ölschlagen".

Der auf den Preßkeil ausgeübte Druck wanderte über die Füllselkeile und die Stahlplatten auf die Preßmappen (zwei in einem Kasten) und die darin befindlichen Preßsäckchen. Das Öl wurde aus dem Preßgut gequetscht oder gedrückt und lief durch die Wand des groben Gewebes der Säckchen – auch der Haarfilz bot kein Hindernis – auf den Boden der Presse und durch entsprechende Löcher in die in den sogenannten Ölgruben bereitgestellten, zweihenkeligen, nach oben weit geöffneten Blechkannen.
Kehren wir zurück zum Arbeitsvorgang an der Presse. Dort war der Keil ganz eingetrieben, der Preßvorgang beendet. Der Preßstempel wurde vom Ölmüller „aufgehängt". Nun galt es, den ganzen Preßsatz wieder zu lösen, die Ölkuchen herauszunehmen und die Hären neu zu füllen. Zum Lockern und schließlich gänzlichen Freimachen aller Keile im Preßkasten diente der *Losschlagkeil.* Seine Form ist aus der beigefügten Zeichnung erkennbar. Nach dem Preßvorgang wurde der Losschlagstempel auf die gleiche Art wie der Preßstempel freigegeben. Fünf-, sechsmal sauste er auf den Losschlagkeil, drückte diesen nach unten in den freigebliebenen Hohlraum, lockerte die benachbarten Teile und gab schließlich den ganzen Preßsatz frei.
Die Preßmappen wurden nun vom Ölmüller herausgezogen, die gepreßte Masse, *Ölkuchen* genannt, wurde von den Säckchen befreit. Wenn die „Partie" diesen Prozeß durchlaufen hatte, begann der zweite Durchgang, der *Ausschlag,* auch Nach- oder Warmschlag genannt. Die etwa 3 cm dicken Ölkuchen, die noch einen größeren Prozentsatz Öl enthielten, wurden von Hand

Zum Vergleich: Die Ölmühle Gros/Weber, Schrammenmühle (Gde. Gumbsweiler).
Die Arbeit an der Stempelpresse: Der Ölmüller rechts legt gerade ein für dem „Ausschlag" gefülltes Säckchen in die Preßmappe ein. Beide Stempel sind in Ruhestellung.
Aufnahme Emil Weber, ca. 1928.

in Stücke gebrochen und unter die Steine des Kollergangs geworfen. Es begann ein erneuter Mahlvorgang. Bevor aber die gemahlene Masse in die Presse kam, wurde sie erwärmt. Dazu diente eine große Blechpfanne mit etwa 10 cm hohem Rand, der auf einem gemauerten *Herd* oder *Metallofen* stand. Oft war auch die Pfanne in das Mauerwerk des Herdes fest eingelassen und ein vom Mühlengetriebe bewegtes Rührwerk verhinderte das Anbrennen des Preßgutes. Zweck des Wärmens: Das Öl sollte leichtflüssiger und der Schleim darin gebunden werden; die Zellteilchen der Samenkörner sollten mehr ge-

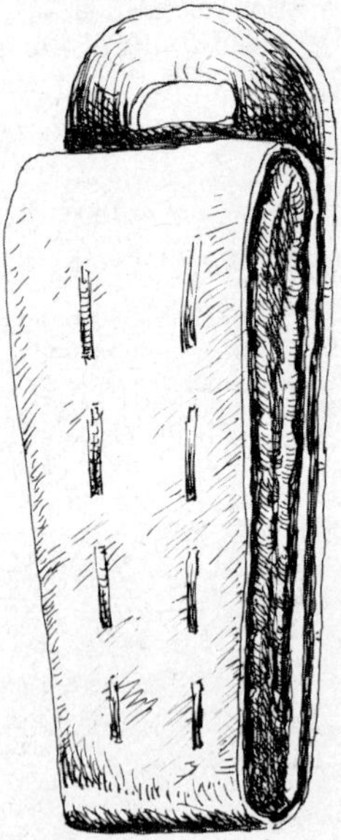

Preßmappe

Für den zweiten Preßvorgang, den „Warm- oder Ausschlag", benötigte der Ölmüller solche vom Sattler gefertigte Preßmappen aus Leder. Länge ca. 40 cm, mittlere Breite ca. 20 cm. Innen eine doppelte, harte Haarfilzplatte, zum Preßsäckchen hin leicht gewellt. Die gefüllten Preßsäckchen wurden in die Mappe eingeschlagen und diese zwischen die Jageisen der Presse geschoben.

Zeichnungen Hermann Kuntz

Ölkuchen

öffnet werden, um das Auslaufen des Öls zu erleichtern. Die Erhitzung durfte gewisse Grade nicht überschreiten, sonst trat das Gegenteil der gewünschten Wirkung ein: Die Masse wurde geröstet und gab kein Öl mehr her. – In St. Julian fehlt das Wärmwerk.

Beim zweiten Pressen wurden die Säckchen nicht mehr prall gefüllt, vielleicht noch mit der Hälfte des Preßgutes im Vergleich zum Kaltschlag. Das hatte zur Folge, daß der Keildruck verstärkt wirkte, zumal noch ein Füllselklotz mehr in den Preßkasten eingelegt wurde. Die Preßmappen wurden gewechselt, der Ölmüller holte die *Ausschlagmappen* (s. Abb.) herbei. Diese bestanden ganz aus dickem Leder. Der Boden und die Deckklappe waren mit hartem, gerilltem Haarfilz besetzt.

Beim zweiten Durchgang entstanden nur noch daumensdicke Ölkuchen von großer Härte. Die Preßsäckchen waren fest in die Kuchen eingedrückt und schwer zu lösen. Dazu hatte man den *Abschnittskasten*, hüfthoch, ca. 2 m lang, zu einem Drittel nach vorne schräg abfallend abgedeckt. An der vorderen Kante war eine einfache Einrichtung zum Abziehen der Kuchensäckchen angebracht: Eine nach oben gerichtete, etwas nach hinten gebogene Holzleiste stützte den Kuchen, der in eine verstärkte Holzkerbe des Kastenrades gestellt wurde. Nun bewährte sich der Schlitz im Kuchensäckchen. Hier konnte man die beiden Stoffecken zunächst lösen und dann den ganzen Kuchen „abziehen". Die Ölkuchen wurden auf dem Deckel des Abschnittkastens mit einem großen Messer und mit Hilfe eines Meßbrettes oben und unten beschnitten. Die trapezförmigen, etwa 0,35 m langen, sich rauh anfühlenden und in frischem Zustand apart riechenden Kuchen wurden nun zuerst im Abschnittkasten, dann in langen Reihen und hohen Stößen an einer freien Wand aufgeschichtet. Der Bauer schätzte sie als wertvolles Viehfutter.

Vom Öl, mundartlich „Ohlig"

Das Endprodukt des Preßvorgangs war Speiseöl, in der West- und Nordpfalz auch „Ohlig" genannt (daher Ohligmüller, Ohligmühle; auch der Familienname „Ohliger" ist davon abgeleitet). Das für die Ernährung wichtigste Pflanzenöl war das vom Raps. Das im Kaltschlag erzeugte war klar, wenn es aus der Presse kam. Es war das qualitativ hochwertigste. Das beim Warmschlag gewonnene war trüb. Die darin enthaltenen Feststoffe setzten sich erst im Lagerfaß ab. In der Ölmühle wurde es so gehalten, daß Vor- und Ausschlagprodukte gemischt wurden.
Ein Nachteil des Raps- und Rüböls war, daß es im Rohzustand einen leicht bitteren Geschmack hatte. Die Fachleute führen das auf den Senfgehalt der Ölsaat zurück. Doch die Hausfrauen wußten sich zu helfen. Im Eisentopf wurden einige Liter abgekocht („abgekrätscht"), sagte man im Glantal. Es wurden vorher zwei oder drei geschälte rohe Kartoffeln dazugegeben. Die durch die Hitze freigewordenen Bitteröle sammelten sich gewissermaßen in den Kartoffeln, wurden vielleicht durch die Stärke teilweise gebunden und verändert. Nach dieser Prozedur war Rapsöl vor allem zum Backen, aber auch für Salate durchaus brauchbar.
In den die Ölmühlen ablösenden Ölfabriken wurde das Rapsöl raffiniert und gebleicht. Es verlor nun jeden Beigeschmack – und leider auch die schöne goldgelbe Farbe.
Buchel-, Mohn- und Nußöl konnten ohne Vorbehandlung im Haushalt verwendet werden. Leider waren aber die „Rohstoffe" hierfür, Bucheckern, Mohnsamen und Walnüsse, im Einzugsbereich unserer Ölmühle selten zu haben.

Der Mahlgang zur Bereitung des Mehls aus Roggen oder Spelz. Im Sichtfenster die Mühlsteine. Der Gang steht erhöht auf dem „Biet"; darunter der Antrieb durch ein hölzernes Kammrad und ein kleines Kammrad aus Eisen auf einer senkrechten Achse (Mühleisen).

Der Mahlgang

Es sieht so aus, als ob die Ölmühle und die durch eine Fachwerkwand abgeteilte Mahlmühle nicht zu gleicher Zeit gebaut worden seien. Die Mahlmühle scheint zunächst ein eigenes Wasserrad gehabt zu haben. Ein Mauerdurchbruch auf der Mühlteichseite weist darauf hin. In der Ausnehmung desselben liegt der Wellbaum auf, der für den Antrieb von Mahl- und Schälgang maßgebend ist. Auf dieser hölzernen, waagrecht gelagerten Achse von 0.40 m Durchmesser sitzt nahe der Giebelwand ein Stockrad von 1.80 m Durchmes-

Antrieb des Mahlgangs: Links Stockrad mit 1,80 m Durchmesser; auf dem gleichen Wellbaum Kammrad mit 2,60 m Durchmesser. Die seitlich angebrachten Kämme treiben das kleine, eiserne Kammrädchen rechts oben. Dieses wiederum setzt mit der vierkantigen, senkrechten Achse (Mühleisen) den Mühlstein (Läufer) in Bewegung.

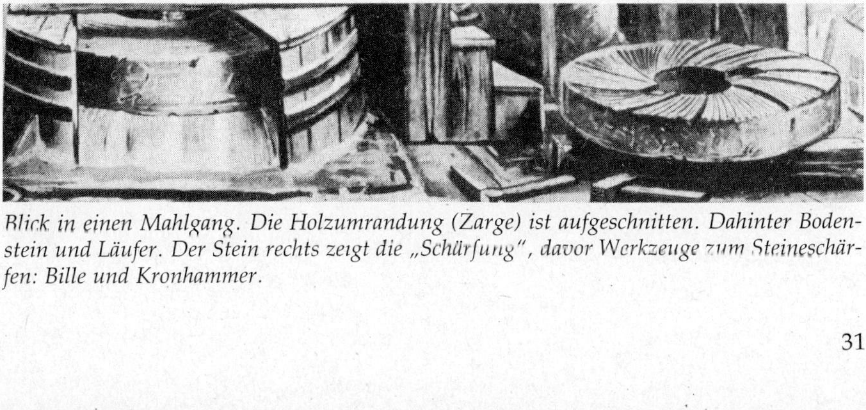

Blick in einen Mahlgang. Die Holzumrandung (Zarge) ist aufgeschnitten. Dahinter Bodenstein und Läufer. Der Stein rechts zeigt die „Schärfung", davor Werkzeuge zum Steineschärfen: Bille und Kronhammer.

Der „Hahn" des Läutewerks ist in der Museumsmühle noch erhalten. Er sitzt auf dem oberen Rand des Mahlgangstrichters.

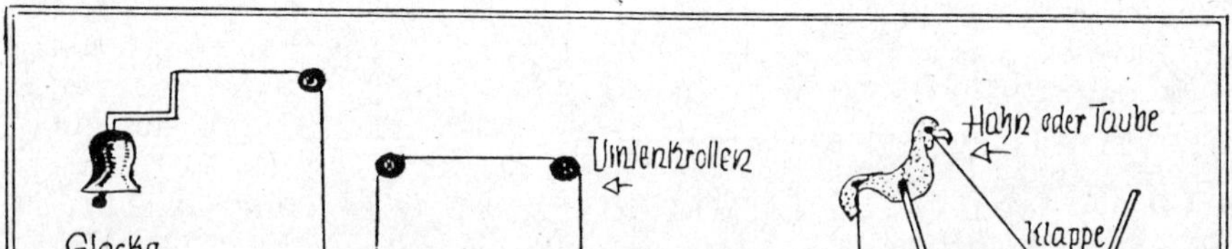

Da die Mühlsteine beim Mahlen eng gestellt waren und ohne Mahlgut heißzulaufen drohten, mußte immer rechtzeitig Getreide nachgefüllt werden. Damit der Müller das nicht versäumte, war meist ein einfaches, aber wirksames Läutewerk montiert. Hier das System einer solchen Klingelanlage. *Entwurf Strakosch, Reinzeichnung Hermann Kuntz.*

ser, angetrieben vom großen Kammrad (3.20 m Durchmesser) auf der Wasserradwelle in der Ölmühle. Daneben im Abstand von ca. 1.20 m ein Kammrad von 2.60 m Durchmesser mit seitlichen Kämmen. Zum einen besorgt es über ein Vorgelege die Kraftübertragung zum Schälgang. Zum anderen treibt es ein etwas unterhalb der Raumdecke auf einer vierkantigen, senkrechten Eisenachse (Mühleisen) montiertes Metallkammrädchen* und damit den Läuferstein des Mahlganges.

Die Übersetzung großes auf kleines Rad wirkt sich auf die Bewegung der Steine entsprechend beschleunigend aus.

Der sogenannte Galgen, mit dessen Hilfe die schweren Mühlsteine abgehoben, zum Schärfen auch umgedreht wurden.

Die *Mühlsteine* sind der wichtigste Teil des Mahlgangs. Die beiden jetzt vorhandenen sind längst nicht mehr die, die bei der ersten Einrichtung aufgelegt wurden. Zuerst waren wahrscheinlich sowohl der beim Arbeitsvorgang ruhende *Bodenstein* als auch der vom Mühleisen bewegte *Läufer* aus heimischem Sandstein, vielleicht aus dem nachgewiesenen historischen Mühlsteinbruch des benachbarten Dorfes Gumbsweiler. Was jetzt innerhalb der Blechumrandung – auch diese weist auf die neuere Bauart hin, denn vordem war diese *Zarge* aus Holz – zu sehen ist, sind Champagnersteine oder „Franzosen", eingelassen in Zement und umgeben von eisernen Reifen. Sie sind beide auf ihren Mahlflächen *geschärft*, d. h. mit großen und kleineren Rillen versehen, die zur Verstärkung der Reibekraft und zum Kühlen bestimmt sind.

Der Läufer ist mit dem *Mühleisen* durch eine Halterung verbunden, die früher aus einem doppelschwalbenschwanzförmigen Flacheisen bestand und *Mühlhaue* genannt wurde. In unserem Falle ist die metallene Verbindung mehr ringartig und sitzt in der runden Öffnung in der Mitte des Steins, im *Steinauge*. In dieses Antriebsaggregat ist ein senkrechter Eisenstab gestellt, von den Mühlenbauern früher *Tanzmeister* genannt, der oberhalb der hölzernen Steinabdeckung mit Hilfe eines Noppenrädchens das Schlagscheit des *Rüttelschuhs* in Bewegung setzt. Dieser hölzerne Rüttelschuh in Form eines oben offenen Kastens mit handhohem schrägen Rand ist seitlich frei beweglich unmittelbar unterhalb des Getreideeinfülltrichters (früher mundartlich „Trummey" ge-

* ANMERKUNG: Vordem war dieses Rädchen aus Holz und mit Stöcken oder Spindeln versehen. Es hieß in der Pfalz auch „Trillis".

nannt) angebracht und sorgt dafür, daß das Mahlgut gleichmäßig in den Gang läuft, daß das etwa talergroße Auslaufloch sich nicht verstopft.
Als Folge der Zentrifugalkraft wurde das geschrotete, zerriebene, gemahlene Getreide an den Steinrand vor der Zarge und schließlich zum Auslaufloch in eine Holzröhre transportiert. Dann mußte Mehl und Kleie, bestehend aus den zerriebenen Schalen des Getreides, voneinander getrennt werden. Diesen Vorgang nannte man Sichten. Diese Arbeit wurde im Mittelalter von Hand mit Hilfe eines Siebes bewirkt. Das *Räden* war ein eigener Berufsstand. Später wurde das Sichten vom *Beutelkasten* und dann vom *Sichtzylinder* übernommen. Eine dieser Einrichtungen war in unserer Mühle bestimmt vorhanden.

Das Mahlgut

Unsere Museumsmühle war eine ausgesprochene *Kundenmühle,* d. h. die Bauern der Umgebung brachten ihr Getreide und jede „Partie" wurde gesondert gemahlen. Gemessen wurde das Mahlgut, sowohl Getreide als auch Mehl in den alten *Hohlmaßen,* wie Malter, Faß, Halbfaß, Simmer, Sester. Etwa ein halbes Dutzend dieser Maße sind in unserer Mühlstube zu besichtigen. Der Inhalt dieser Holzgefäße (s. Abb.) war örtlich so verschieden, daß es schwer fällt, verbindliche Angaben zu machen.
Nach 1800 wurde meist umgestellt auf Pfund und Zentner. Man bediente sich

Zum Vergleich: Ein sogenannter Walzenstuhl, aufgestellt in der Mahlstube rechterhand. Er löste das Mahlen mit Mühlsteinen ab. Hier geschieht das Zerkleinern des Getreides mit Hilfe von geriffelten Walzen.

auch des Hektoliters, das in etwa dem historischen Malter entsprach. Vom *Maltersack* war jedoch noch lange Zeit die Rede. Für das Jahr 1818 haben wir eine Zusammenstellung der einschlägigen *Hektolitergewichte* (LA. Sp., Best. H 38 Nr. 687):

1 Hektoliter Weizen	= 150 - 160	Pfund
1 Hektoliter Spelz	= 65 - 80	Pfund
1 Hektoliter Roggen	= 145	Pfund
1 Hektoliter Gerste	= 105	Pfund
1 Hektoliter Hafer	= 80	Pfund

Der Schäl- oder Gerbgang für Spelz

Da unsere Mühle mit einem Schälgang ausgerüstet war, dürfte auf dem Mahlgang in größerem Ausmaß auch Spelzmehl (s. Abb.) hergestellt worden sein. Spelz wurde früher besonders in der gebirgigen Pfalz viel mehr angebaut als Weizen. Als Beweis diene eine Aussage zweier „Experten", nämlich des Gerichtsschöffen Johannes Grill von Ulmet und des Müllers von der Schrammenmühle, die 1779 in einer Steuerfestsetzung für die St. Julianer Mühle ihr Urteil abgeben sollten. Sie stellten fest, daß an dem Glanstrom seit Menschengedenken viel Spelz gebaut werde, „daß man kühnlich 2 Teile Korn und 1 Teil Spelz rechnen kann" (LA. Sp., Best. C 41 Nr. 35/1).

Arten und Verbreitung von Spelz oder Dinkel

Es ist interessant, was der Brockhaus von 1901, also in einer Zeit, in der unsere Getreideart noch weit verbreitet war, zur Sache schreibt:
„*Dinkel* oder *Spelz*, diejenigen Weizenarten, bei welchem die Hülse oder Spelze des Korns sich in der Reife von diesem nicht löst und die Ähren getrennt an der Halmspindel stehen. Man baut davon drei Gattungen an: 1) den eigentlichen Dinkel oder Spelz (Triticum spelta), das charakteristische Brotgetreide der Schwaben und Alemannen; er kommt ungegrannt und gegrannt vor und liefert ein gelbliches Feinmehl. 2) den Emmer (Emer, Triticum amaleum Sen), dessen Körner in Italien, in der Schweiz, in Schwaben, in der *Pfalz* vorzugsweise zu Gries oder Graupen verarbeitet werden. 3) das Einkorn oder Peterskorn (Triticum monococcum), das in jedem Ährchen nur ein einziges Korn trägt, für rauhe Gebirgsgegenden geeignet, mit hartem Stroh, schlechtes Mehl liefernd."

Schälen und Vermahlen von Spelz

Das Problem bei der Verwertung des Spelzes als Brotfrucht war und ist die Eigenart, daß sich die Spreu (Spelze) beim Dreschen nicht vom Korn löst. Es ist

In der Mitte Ähren vom Spelz, links geschälte Körner (Kerne); rechts Körner in der Spreu, die im Schälgang gelöst und mit Hilfe des Gebläses entfernt wird; daneben das gelblich-weiße Mehl.

ein eigener Arbeitsgang, das Schälen oder Gerben des gedroschenen Getreides, erforderlich. Wie das vor sich geht, beschreibt im folgenden (ab Seite 38) ganz ausführlich Wolfgang Strakosch aus Dillingen an der Donau. Er ist Fachmann auf diesem Gebiet und bemüht sich seit Jahren, den Anbau von Spelz in Deutschland wiederzubeleben. Seiner Ansicht nach eignet sich diese Getreideart auch hervorragend zum ökologischen Anbau, da sie auf nährstoffarmem Boden wächst und auf künstliche Düngung weitgehend verzichten kann.

Strakosch ist auch der Meinung, daß es ein seltener Glücksfall ist, daß der alte Schälgang mit Schüttelrinne und Windmühle in St. Julian erhalten werden konnte. Wahrscheinlich sei dies das einzige Objekt dieser Art in ganz Deutschland.

In einer Aufstellung über die „Produktion der Weißmehlfrüchte 1818" lesen wir, was den Spelz betrifft: „Nachdem die Kerne von der Spreu auf der Schälmühle getrennt, und zum zweitenmal auf selbe getragen worden, damit sie von allen Unreinigkeiten befreit sind, werden die gereinigten Kerne in einem dazu bestimmten Kasten befeuchtet und nach einigen Stunden auf die Mühle gebracht, gemahlen und der Stoff, der in den Vorkasten fällt, durch ein feines Sieb gesichtet und der im Sieb bleibende Teil wird besonders gemahlen und gibt das sogenannte *Nach-* und *Bollmehl.*"

Gesamtansicht des Schäl- oder Gerbgangs. Links unten der Excenter, bewegt von einem Schlagscheit unterhalb des Holzbodens. Auffallend die Dicke des Bodensteins. Der Läufer ist von der Holzummantelung (Zarge) verdeckt.

Das sogenannte Sichten, d. h. das Trennen von Mehl und Kleie, geschah nach diesen Angaben durch Sieben von Hand überm Mehlkasten, wie in St. Julian noch einer vorhanden ist. *Beutelkasten* und *Sichtzylinder* erledigten dieselbe Arbeit.
Das gelblich-weiße Spelzmehl soll sich nicht nur als Brotmehl, sondern auch für feine Backwaren, Nudeln, Spätzle, Dampfnudeln u. ä. hervorragend geeignet haben. Alte Hausfrauen loben nicht nur das schöne Aussehen dieser Produkte, sondern auch deren – wie soll man sagen – kernigen Geschmack.
Aus Bollmehl wurde der „Alltagskuchen" gebacken, z. B. der Zwetschgenkuchen zur Herbstzeit.
Übrigens: Die unreif geernteten und später gedörrten Spelzkörner werden gemahlen und heute noch unter der Bezeichnung „Grünkern" als Suppeneinlage verwendet.

Antrieb des Schälgangs: Dieser hat ein sogenanntes Vorgelege auf eigener Achse (Wellbaum aus Holz), die von einem Stockrad mit 0,60 m Durchmesser in Bewegung gesetzt wird. Auf dem gleichen Wellbaum sitzt ein Kammrad mit 1,20 m Durchmesser, das mit seitlichen Kämmen in ein kleines, eisernes Kammrädchen eingreift. Dieses wiederum setzt mit der senkrechten, eisernen Achse (Mühleisen) den Läufer des Schälgangs in Bewegung. Auf dem Mühleisen sitzt noch die Riemenscheibe des Gebläses (0,36 m Durchmesser), darunter der Dreischlag, der den Schlagbalken des Excenters bewegt.

DAS SCHÄLEN ODER GERBEN VON SPELZ IN DER MÜHLE ST. JULIAN

von Wolfgang Strakosch, Dillingen/Donau

Unter „Schälen" von Spelz oder Dinkel versteht man das Trennen der beim Dreschen und Windmühlen nicht gelösten Spreu vom Getreidekorn mit Hilfe eines besonderen Mahlgangs.
Der für diesen Vorgang außerhalb der Pfalz fast ausschließlich gebrauchte Begriff „Gerben" stammt aus dem mittelhochdeutschen Sprachgebrauch „gerwen" oder „garwen", d. h. gar machen, bereit machen, zubereiten, nämlich fürs Mahlen im Mahlgang.
Nun wollen wir uns einmal in die Zeit des 18. Jahrhunderts zurückversetzen

Der Schäl- oder Gerbgang in seinen einzelnen Teilen (von oben nach unten): Trichter des Schälgangs; die runde Holzzarge, die den Läuferstein des Ganges verdeckt; rechts davon die Schütttelrinne, aufgehängt an einem Bügel mit Kettchen; im Vordergrund das holzummantelte Gebläse (Windhaus) mit Windkanal (unten offenes, vierkantiges Holzrohr) zur Spreukammer; unter dem Gebläse die kleinere, dahinter die größere Riemenscheibe, letztere verkeilt auf der senkrechten Achse (Mühleisen) des Schälgangs; hölzerner Kasten zum Aufnehmen der Kerne.

und den Vorgang des Schälens oder Gerbens in der Mühle St. Julian von Anfang bis zu Ende verfolgen.
Zunächst „schüttet" der Müller den gedroschenen, jedoch noch mit der harten Spreu umschlossenen Spelz „auf". Dazu nimmt er die sogenannte Schienenwanne, das ist eine aus gespaltenen Haselnußruten geflochtene Wanne, und faßt damit den Spelz aus den extralangen Spelzsäcken. Dann trägt er diese Wanne über die schmale Biettreppe und eine kleine, dreistufige, bewegliche

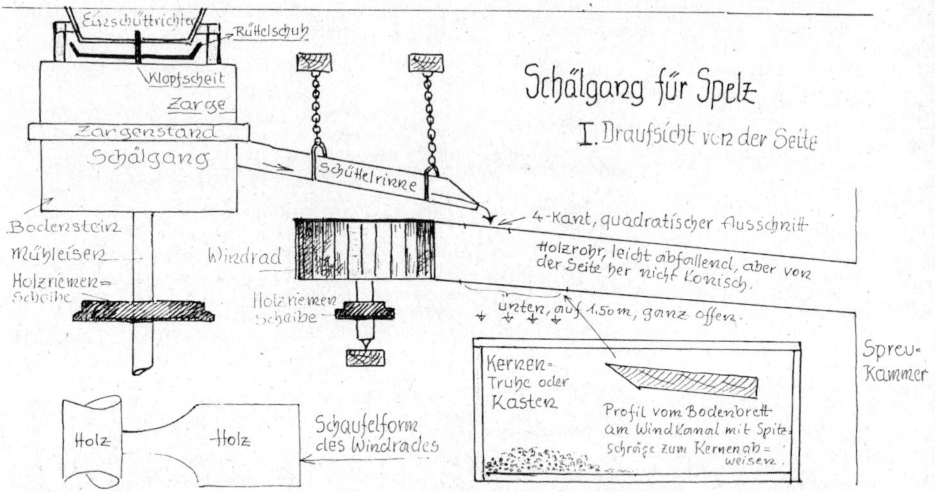

Der Schäl- oder Gerbgang in der Museumsmühle: Skizzen in der Draufsicht von der Seite und von oben. Hauptteile: Gang mit zwei nichtgeschärften Steinen; Excenter, der die Schüttelrinne in Bewegung setzt; Gebläse mit Windradschaufeln; Windkanal zur Spreukammer, unten offen; darunter Kernenkasten. *Entwurf Wolfgang Strakosch, Reinzeichnung Hermann Kuntz.*

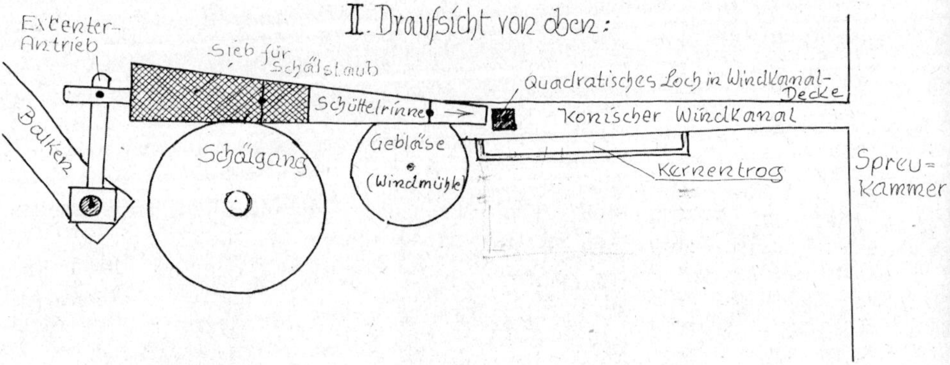

Excenter, der die Schüttelrinne des Schälgangs bedient. Er wird in Funktion gesetzt durch ein Schlagscheit, ruckartig bewegt von einem Noppenrädchen, das unterhalb des Bietbodens auf der senkrechten Achse des Läufers aufgekeilt ist.

Treppe am Schälgang hoch und schüttet das Getreide in den Trichter des Schälgangs. Der Boden dieser Schienenwanne war meist mit Leder besetzt, um auf dem Kopf des Müllers nicht zu „drücken". Vom Trichter aus gelangt nun der Spelz durch die Schüttelbewegungen des „Rüttelschuhs" – dies ist der bewegliche Bodenkasten des Trichters, welcher durch das sogenannte Klopfscheit und den Schlagring mittels Drehung des Mühlsteins in Bewegung versetzt wird – zwischen die Steine des Schälgangs. Diese sind weiße, weiche Sandsteine, nicht geschärft, d. h. ohne gehauene Mahlfurchen (Schränzen). Lediglich in der Mahlbahn des Bodensteins wurden gern sogenannte Fangmulden für Steine, Eisenteile etc. eingearbeitet, um Beschädigungen der Mühlsteine vorzubeugen.
Die Steine werden beim Schälen wesentlich weiter, d. h. mit größerem Zwischenraum geführt als beim Mahlen, und zwar so weit oder eng, daß einerseits ein möglichst sauberes Ausgerben des Spelzes stattfindet, andererseits aber die Körner (Kerne) selber nicht angerissen werden.
Das sich auf diese Weise ergebende Spreu-Kernengemisch wird nun an der Seite durch die Drehung des Läufersteins durch die hölzerne Steinzarge (Umrandung) hindurch auf eine schräge Schüttelrinne geworfen. Diese Schüttelrinne wird über ein Excentergestänge vom Mühlwerk her angetrieben und wird von oben her durch Kettenaufhängung geführt. Etwa einen Meter lang

besteht der Boden dieser Schüttelrinne zunächst aus einem feinen Drahtsieb mit quadratischer Lochung. Durch dieses Sieb fällt der feine, aus Schalenteilchen und Steinsand bestehende Schäl- oder Gerbstaub, der meist den Schweinen gefüttert wurde.
Unter der Schüttelrinne befindet sich ein einfaches, horizontales Gebläse (Windhaus) mit hölzernen, geraden (radialen) Windschaufeln, welches über Lederriemen und Holzriemenscheiben vom Mühleisen her angetrieben wird. Dabei ist das Scheibenverhältnis so abgestimmt, daß sich das Gebläse noch etwas schneller dreht als der Schälmühlstein. Dieses Gebläse läuft in einem viereckigen Holzrohr aus, welches sich an der Wand entlang bis zur sogenannten Spreukammer hinzieht und dabei ein leichtes Gefälle hat. Unter dem Auslauf der Schüttelrinne hat dieses Holzrohr oben ein quadratisches Loch, durch das nun das Spreu-Kernengemisch von der Schüttelrinne aus hereinfällt. Nun wird durch den Druckluftstrom des Gebläses versucht, dieses Spreu-Kernengemisch mitzunehmen. Das gelingt allerdings (gewolltermaßen) nur mit den leeren Spelzen (Spreu). Diese werden bis in die Spreukammer weggeblasen. Die Kerne (Körner) und auch die „Spitzen" (das sind halbausgegerbte Dinkelähren mit einem zurückgehaltenen Kern) fallen durch ihr spezifisch größeres Gewicht durch das Gebläserohr in einen daruntergestellten länglichen hölzernen Kasten. Das Gebläserohr hat nämlich vom Einlaufloch an auf die Länge von 1,5 Meter keinen Boden, so daß hier die Kerne und Spitzen aus dem Windkanal fallen können.
Nun muß der Müller noch das sich in diesem Auffangkasten befindliche Kernen-Spitzengemisch voneinander trennen. Hierzu benützt er ein rundes „Kernensieb" mit lanzettförmiger, also spelzförmiger Lochung. Er schöpft mit diesem Sieb das Kernen-Spitzengemisch aus dem Kasten und „rädet" mit der Hand durch kreisrundes Hin- und Herschwingen des Siebes die Kerne von den Spitzen ab. Die Kerne fallen durch das Sieb und sind nun das gewünschte Endprodukt des Schälvorgangs. Die Spitzen bleiben im Sieb und werden am Schluß noch einmal bei etwas enger geführten Steinen nachgegerbt.
Es bleibt noch zu erwähnen, daß in der Regel bei Schälgängen auf ein Läutewerk mit „Hahn" verzichtet wurde, da die Gerbmühlsteine stets so weit auseinander gefahren werden, daß auch bei Leerlauf kein gegenseitiges Berühren und Aufreiben zu befürchten war. Ausbeute: 70 Prozent Kerne und 30 Prozent Spreu.

QUELLENNACHWEIS

Archivalien
Landesarchiv Speyer: Best. B 7 Nr. 98, Best. B 2 Nr. A 925/1, Best. B 2 Nr. 294/7, Best. C 41 Nr. 34 und Nr. 31/1, Best. H 38 Nr. 687 und 743, Best. L 66 Nr. 258, Best. L 57 Nr. 1632, Best. W 41 Nr. 760 und 762.
Archiv des Landratsamtes Kusel: Wassertriebwerksakten Nr. 2678

Gedruckte Quellen
Friedrich W. Weber, Die Geschichte der Mühlen und des Müllerhandwerks der Pfalz. 6756 Otterbach, 1978
Friedrich W. Weber, Die Geschichte der pfälzischen Mühlen besonderer Art, 6756 Otterbach, 1980

Verzeichnis der Abbildungen

Inhaltsübersicht

Für den Besucher:
Schriftliche oder telefonische Voranmeldung erbeten bei der Kreisverwaltung Kusel, Kulturreferat, oder beim Ortsbürgermeister St. Julian. Auskunft auch bei Herrn Ernst Weber, An der Wahrbach, 6799 St. Julian, Tel.: 0 63 87 / 465.